小猛犸童书

[日]木村裕一 梁平 智慧鸟 著 [
智慧鸟 译

U0173099

看！神探仙酮自破奇案

数学大侦探

5

神秘盗贼

电子工业出版社
Publishing House of Electronics Industry
北京·BEIJING

图书在版编目（CIP）数据

数学大侦探. 神秘盗贼 / (日) 木村裕一, 梁平, 智慧鸟著 ; (日) 木村裕一, 智慧鸟绘 ; (日) 阿惠, 智慧鸟译. -- 北京 : 电子工业出版社, 2024.3
ISBN 978-7-121-47283-1

Ⅰ.①数… Ⅱ.①木… ②梁… ③智… ④阿… Ⅲ.①数学－少儿读物 Ⅳ.①O1-49

中国国家版本馆CIP数据核字（2024）第038075号

责任编辑： 赵 妍 季 萌
印　　刷： 北京宝隆世纪印刷有限公司
装　　订： 北京宝隆世纪印刷有限公司
出版发行： 电子工业出版社
　　　　　 北京市海淀区万寿路173信箱 邮编：100036
开　　本： 889×1194 1/16 印张：31.5 字数：380.1千字
版　　次： 2024年3月第1版
印　　次： 2024年3月第1次印刷
定　　价： 180.00元（全6册）

凡所购买电子工业出版社图书有缺损问题，请向购买书店调换。若书店售缺，请与本社发行部联系，联系及邮购电话：（010）88254888，88258888。
质量投诉请发邮件至zlts@phei.com.cn，盗版侵权举报请发邮件至dbqq@phei.com.cn。
本书咨询联系方式：（010）88254161转1860，jimeng@phei.com.cn。

前言

　　这套书里藏着一个神奇的童话世界。在这里，有一个叫作十角城的地方，城中住着一位名叫仙鼠先生的侦探作家。仙鼠先生看似糊涂随性，实则博学多才，最喜欢破解各种难题。他还有一位可爱的小助手花生。他们时常利用各种数学知识，破解一个又一个奇怪的案件。这些案件看似神秘，其实都是隐藏在日常生活中的数学问题。通过读这些故事，孩子们不仅能够了解数学知识，还能够培养观察能力、逻辑思维和创造力。我们相信，这些有趣的故事一定能够激发孩子们的阅读兴趣。让我们一起跟随仙鼠先生和花生的脚步，探索神秘的十角城吧!

夕阳还没完全落山，参天的大树就把残余的阳光遮挡得一干二净，森林深处已是漆黑一片。与黑暗同时降临的，还有不知从哪里涌出的阴寒雾气，如同一只只起舞的幽灵，在寂静的丛林中悄无声息地四下翻滚，给本就阴森的森林又添上了一丝诡异。

忽然，一个小小的身影划破了这片宁静，
从黑暗中的草丛里滑出。

他靠着树干长长地喘了几口气，闪亮的小眼珠在夜色中微微一转，忽然扭动身躯，扫动起尾巴来。

直到把地面上的脚印扫得一干二净，这才又闪电般向远方飞奔而去。几个跳跃，就消失在了远处的草丛中。

一阵尖利而愤怒的吼叫从森林的深处传了出来，一群比黑夜还黑的狰狞身影咆哮着冲了出来。

不能让小偷跑了，一定要找回被诅咒的宝藏！

借着穿过森林的皎洁月光，终于可以
看清追逐而来的竟然是一支毒蛇小队。

可他们一直追踪的痕迹却在海岸边全部消失了。望着
深邃无垠的海面，长蛇们吐着长长的蛇信，却无可奈何。

一连串的鞭子响在黑暗中回荡起来，海岸边的黑影们立刻一分为二，恭恭敬敬地让出一条路来。在他们身后，一个更加恐怖的身影摆动着长长的尾巴游走过来，竟是一条足有三米多长的巨型眼镜王蛇！

啪啪！啪啪！

第二天，十角城内的居民正欢天喜地地进行着纪念建城160周年的庆典活动，一点儿都没有意识到危机的来临。

然后，被我识破了阴谋的盗贼鼠立刻变身成巨大的骷髅战士，猛地向我扑来。

在怪盗布米奇的孤儿院中，花生正站在讲台上，绘声绘色地讲述着"幽灵船怪案"的经历。

可我怎么会害怕它？

我轻轻挥出一拳，一下子就把骷髅战士打散架了，仙鼠先生终于获救！

主人，
救命啊！

花生哥哥被
盗贼鼠打倒
了，我们快
帮忙！

花生的这一嗓子比
十角城著名的女高音还
嘹亮，然后他口吐白沫，
被吓晕过去了。

孤儿院里立刻乱成了一锅粥，小朋友们纷纷拿起扫把，把忽然出现的"盗贼鼠"追得抱头鼠窜。

我不是盗贼鼠，我是从来不偷东西的科学鼠！

小老鼠一边逃一边大声辩解，忽然感觉身体一轻，被人用手拎了起来。

小朋友们，就让我们给小老鼠一次机会，让他给大家讲一讲关于小数乘法的数学知识，看他究竟是不是科学鼠吧！

知识点

1. 小数乘法的意义：乘法是求几个相同加数和的简便运算；一个数乘小数可以理解为求这个数的十分之几、百分之几、千分之几……例如，2.5×0.6 表示计算 2.5 的十分之六是多少。

2. 小数乘法法则

先按照整数乘法的计算法则算出积，再看因数中共有几位小数，就从积的右边起数出几位，点上小数点；如果位数不够，就用"0"补足。

鄙人来自梦幻森林的田鼠家族，你怎么能拿我和那些大尾巴盗贼相比呢？

原来，老鼠也分很多种群，比如居住在森林和田野里，靠采集为生的田鼠。

还有在繁华都市里生活，靠偷盗抢劫为生的家鼠。

还有生活在地下
的鼹鼠。

以及生活在水
里的水鼠。

不同种群的老鼠样子也不一样，田鼠和家鼠体形差不多，最大的区别是田鼠的尾巴一般不会超过身体的一半长，而家鼠的尾巴又粗又大，比自己的身体还长。所以田鼠总把家鼠叫作大尾巴盗贼。

梦幻森林？它距离十角城可有十万八千里那么远啊。

准确来说，是四万三千三百二十七点七八千米！

我之所以跋山涉水来到十角城，是向机智而勇敢的仙鼠阁下寻求帮助的！

科学鼠卡尔一边说，一边从背包里掏出了几本迷你书，那是专门印刷给体形较小的种族阅读的。

19

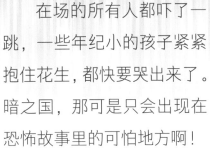

在场的所有人都吓了一跳，一些年纪小的孩子紧紧抱住花生，都快要哭出来了。暗之国，那可是只会出现在恐怖故事里的可怕地方啊！

据说，那里盘踞着世界上最可怕、最黑暗、最歹毒的毒蛇一族。数百年来，进入那里的外来者没有人能安全离开。十角城的大人们常常用一句话吓唬不听话的小孩："再不听话，就把你送到暗之国喂暗夜刺客！"

这个……暗之国？好像很远啊，向导应该很难找吧？

暗之国就在梦幻森林旁边，去那里只比去梦幻森林远 8.46 千米，我对路线很熟悉。

"不方便，不方便，我只有三周的假期，这么远的距离只怕时间不够用。"仙鼠先生摆了摆手说道。

不用担心，我已经计算出来了，用最先进的飞行器，我们一周时间就能赶到暗之国，办完事，您还有足够的时间赶回来呢！

已知十角城和暗之国之间的距离以及飞行器的速度，就可以利用时间 = 路程 ÷ 速度，求出去暗之国的时间了。

在计算过程中会用到小数的除法，下面我们就来了解一下相关知识吧！

知识点

1. 小数除法

小数除法的意义与整数除法的意义相同，就是已知两个因数的积与其中一个因数，求另一个因数的运算。

2. 除数是整数的小数除法计算法则

先按照整数除法的法则去除，商的小数点要和被除数的小数点对齐；如果除到被除数的末尾仍有余数，就在余数后面添 0，再继续除。

3. 除数是小数的除法计算法则

先移动除数的小数点，使它变成整数，被除数的小数点也向右移动相同位数（位数不够的补 0），然后按照除数是整数的除法法则进行计算。

那个……
我还要……

仙鼠先生刚想再找理由拒绝这次可怕的冒险，卡尔的耳朵忽然动了动，好像预感到了什么。

小心！它们来了！

小心什么……啊！

仙鼠先生还没有问完，就听到"轰隆"一声，脚下一软，身体就向地下陷了下去。

在陷进地底的最后一刻，仙鼠先生才看到，从小树林的四面八方，潮水一样涌来了无数条可怕的黑影，向他们刚刚站立的地方扑去。

接下来，仙鼠先生的眼前就只有一片黑暗。他被人拉着飞一样向前
奔驰，一股臭臭的气味扑面而来。不知过了多久，拉着仙鼠先生的人终
于停了下来。

一团亮光划破了黑暗，四周终于亮了起来——站在对面的毒蛇竟然穿着警服。

不要怕，我不是刺客，我是十角城的警察。

仙鼠先生终于看清了周围的景象。这是一个长长的洞穴，中间有一条很长的污水河，散发着刺鼻的臭味。洞穴黑暗扭曲，向远处延伸着，也不知道通向哪里。孤儿院的地下怎么会有这么长的洞穴？仙鼠先生之前完全不知道。

27

不要急，他们没那么容易找到我们！

传说，十角城的下水道有 1000 个岔路，就像一个无尽的迷宫，原来是真的啊。

才没有那么多，根据我的考证，只有 999 个岔路而已。

不是差不多吗？

不一样，不一样。虽然数学中允许使用近似、凑整等方法，但关键时刻还是要精确的数据才行啊。

科学鼠卡尔对数据还是那么认真，一边逃走，一边为花生讲起了数学中四舍五入的知识。小朋友们，快抓住这难得的学习机会，一起来听一听吧。

知识点

四舍五入是一种精确度的计数保留法。在取小数近似数的时候，如果尾数的最高位数字是 4 或者比 4 小，就把尾数去掉（四舍）。如果尾数的最高位数是 5 或者比 5 大，就把尾数舍去并且向它的前一位进"1"（五入）。

大家紧跟在蛇警官身后，用最快的速度在昏暗的下水道中逃亡着。暗夜刺客的声音越来越远，似乎已经被"迷宫"困住了。

仙鼠先生钻出地洞，大口地喘着气，下水道实在太臭了。

花生和卡尔也跟着钻了出来，累得坐在地上直喘气。

这里好像是十角城外的港口。我们竟然在地下穿行了这么远的距离。

可是，我们不是应该回到城里，赶快通知警队保护孤儿院，追捕刺客吗？

孩子们不会有事的，暗夜刺客的荣誉不允许他们伤害小孩子。

"而且，十角城的警队根本就不是他们的对手。如果我们公开和暗夜刺客开战，那就是宣布暗之国是十角城的敌人，很可能引发一场可怕的战争！"蛇警官严肃地说。

啊？和暗之国开战？

仙鼠先生想想被无数毒蛇战士围城的画面，就忍不住打了一个冷战。

所以，我们一定要在暗影刺客找到卡尔之前，把问题解决！接下来就要靠你了，仙鼠先生！

我？去哪里？解决什么问题？

蛇警官拿出一只遥控器一按，一艘隐藏在礁石后的快艇立刻自动滑行了出来。

快走，我拦住他们！

仙鼠先生没等到答案，却等来了暗影刺客的身影，连蛇警官也没想到他们竟然这么快就穿过了地下迷宫。

蛇警官把仙鼠他们推上快艇，按动自动驾驶的遥控，然后自己向着追来的身影迎了上去！

快艇飞快地驶向内海，把港口乒乒乒的打斗声抛在了脑后。

喂，到底发生了什么事？你究竟想让我干什么？

事情……事情其实是这样的……

科学鼠卡尔解释道："我查阅到一个古老的传说，暗之国的女神祭坛上记录着古老的数学知识，所以就悄悄潜入了他们的祭坛……"

真是太伟大了！暗之国的祭坛上，竟然记录了数的互化方式！

小朋友们，你们对数的互化了解多少呢？是什么样的知识，能让科学鼠冒着生命危险潜入陌生的国度去探寻真相呢？

知识点 **数的互化**

1. 小数化成分数

原来有几位小数，就在 1 的后面写几个 0 作为分母，把原来的小数去掉小数点作为分子，能约分的要约分。

2. 分数化成小数

用分母去除分子。能除尽的就化成有限小数；不能除尽，不能化成有限小数的，一般保留三位小数。

3. 化有限小数

一个最简分数，如果分母中除了 2 和 5，不含其他的质因数，这个分数就能化成有限小数；如果分母中含有 2 和 5 以外的质因数，这个分数就不能化成有限小数。

4. 小数化成百分数

只要把小数点向右移动两位，同时在后面添上百分号即可。

5. 百分数化成小数

把百分数化成小数，只要把百分号去掉，同时把小数点向左移动两位即可。

6. 分数化成百分数

通常先把分数化成小数（除不尽时，通常保留三位小数），再把小数化成百分数。

7. 百分数化成小数

先把百分数改写成分数，能约分的要约成最简分数。

太残忍了！你竟然偷了别人的眼睛！

我没偷人的眼睛，我偷的是女神雕像的眼睛……不对，我也没偷女神雕像的眼睛啦！

"我真的不是小偷，我只是恰巧找到了他们的祭坛，他们又恰巧在举行祭祀女神的活动，女神的眼睛恰巧丢失了，他们又恰巧发现了我，所以……"

这真是上贼船容易，下贼船难啊。

快艇被蛇警官设置了自动驾驶，一直自动行驶到暗之国一处隐秘的海岸才停下来，就算仙鼠先生想中途放弃也不可能。仙鼠先生感叹着，无可奈何地接下了还卡尔清白的任务。

我们到了。祭坛就在那座神庙里。

从海岸前往暗之国的女神祭坛还有十几千米的距离，沿途危机四伏，大家大气都不敢出地跟在卡尔身后，一步步穿行在阴森的原始森林中。也不知道走了多久，卡尔忽然停了下来，指了指前面一座建筑。

只见前面二三十米的地方，矗立着一座庞大的建筑，那是一座古香古色的华丽寺庙，是用石块砌成的。

即使早有了心理准备，但一迈进神庙，仙鼠先生和花生还是被吓了一大跳。只见神庙的厅堂院落中，除了人行过道，到处都爬满了蜿蜒扭曲的蛇类，长的有一两米，小的如同筷子大小，一条条懒洋洋地盘伏于房梁或花木上，就连供品上也被他们占满了，一眼望去仿佛置身蛇窟，令人毛骨悚然。

不用怕，进入神庙里的蛇族都会进入休眠状态，只要不惊醒他们，我们就是安全的。

卡尔带领大家来到神庙后的石门前，只见紧闭的石门上布满了带着数字的正方石块，还有一句谜语。

只有万物的真相才能打动女神的心

1	8	3	9
4	2	4	7
0	3	1	8
4	2	3	9
3	5	7	6
0	2	6	1

其实……我上次是趁祭奠大门被打开的时候溜进去的，所以……

这还不简单？你不是进来过一次吗？应该知道答案吧？

唉，还是让我想一想吧。

无奈的仙鼠先生盯着石门，想了半分钟就破解了谜语："万物的真相是能量永恒，表面看起来有生有灭，其实是在不断循环。也就是说，我们把0看成世界的起点或中心，只要把小数点后这些数字完全用在一个循环节上，就可以模拟万物的真相啦！"

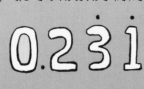

哇，仙鼠先生说的话太高深了，有哪位小朋友知道循环节的数学知识，快来给大家讲一讲吧。

知识点 **循环节**

如果无限小数的小数点后，从某一位起向右进行到某一位止的一节数字循环出现，首尾衔接，就称这种小数为循环小数，称这一节数字为循环节。例如 $3÷9$，得数就是一个循环小数，循环节是 3。

仙鼠先生把带着数字的石块摆成一个完整的循环节，石门竟然缓缓打开了。

轰隆隆

大家小心翼翼地跨过石门，进入神庙的后院。后院的布置比神庙简单许多，但也肃穆了很多。没有了沉睡的蛇族，也没有华丽的祭品，踏着青石铺的地板，穿过白色沙粒撒成的沙海，大家很快来到了一间大榕树下的石室。

那棵榕树十分巨大，下垂的根系连绵不断，占地有二十多平方米。而那间石室就建在它的根系之间，和大榕树自然融合，构成了一种天然的宁静和谐，四周还围了一圈举着各种古怪兵器的蛇族战士雕像。

这间石头房子很有意思，是什么地方？

卡尔带着大家走到榕树下，对着石室深深鞠了一躬。

这座石室是蛇族供奉女神的龙窟，女神的眼睛就是在这里丢失的。

你好像对这里很熟悉哦。

"不要误会，真的不关我事，我真的没有偷女神的眼睛！只是躲在大树上偷偷地拍照而已。"卡尔连忙解释，"没想到祭祀开始后，他们刚打开龙窟，就嚷嚷着女神的眼睛丢失了，开始四处搜查，结果就发现我了……"

仙鼠先生观察了一下周围的环境，发现供奉女神的龙窟外部的确刻满了古老的数学公式，连封闭着龙窟入口的大石块上都有，看来卡尔之前并没有说谎。

"这个犯罪现场有些奇怪。前院的蛇族都在沉睡，后院又没有守卫，想要偷走龙窟里的东西不是应该很简单吗？他们为什么会这么放心地把女神的眼睛放在这里呢？"仙鼠先生喃喃自语道。

这还不简单？打开看一下不就知道了。

觉得四周很安全，花生的胆子也大了起来，伸手就推向封闭着龙窟的大石头。

小心！不要动······

转动

仙鼠先生的话音未落，围绕着石室的蛇族战士雕像忽然全都旋转起来。

原来封闭入口的石块连接着雕像，轻轻一碰就会触动机关！花生被吓得张大嘴巴，求救声都发不出了。

千钧一发的时刻，仙鼠扑过去救下了花生。

当他们回过头时，却发现卡尔眼泪汪汪地瘫坐在地上，周围都是雕像射出的武器，连衣服都被刺得破破烂烂。

呜呜，为什么受伤的总是我？这块石头也是需要找到正确答案才能推开的啊！

原来如此，和我想的一样嘛。

他是世界上最完美的存在，头和尾连接在一起，却又从来没有尽头，请问他是谁？

哎呀，好难解的谜语啊！

小朋友们，时间紧急，快来帮帮仙鼠先生，和他一起找到谜语的答案吧。

知识点 **有限小数和无限小数**

1. 有限小数：小数部分的数位有限的小数，叫作有限小数。例如 41.7 、25.3 、0.23。

2. 无限小数：小数部分的数位无限的小数，叫作无限小数。例如：4.33 …… 、3.1415926 ……

3. 无限不循环小数：一个数的小数部分，数字排列无规律且位数无限，这个小数叫作无限不循环小数。

4. 循环小数：一个数的小数部分，有一个数字或者几个数字依次不断重复出现，这个数叫作循环小数。例如 3.555 …… 、0.0333 …… 、12.109109 ……。一个循环小数的小数部分，依次不断重复出现的数字叫作这个循环小数的循环节。例如：3.99 ……的循环节是 9，0.5454 ……的循环节是 54 。

学完知识点，我们再来看看这道题，你猜到答案了吗？对，这道题的答案是圆。圆是世界上最完美的图形，头和尾连接在一起，而圆周率又没有尽头，是一个无限不循环小数。

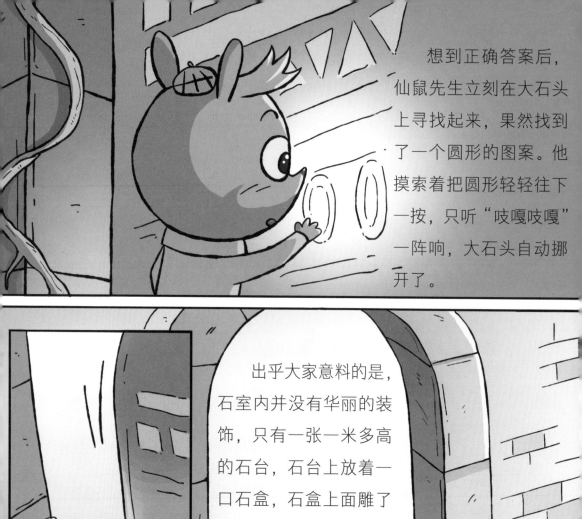

想到正确答案后，仙鼠先生立刻在大石头上寻找起来，果然找到了一个圆形的图案。他摸索着把圆形轻轻往下一按，只听"吱嘎吱嘎"一阵响，大石头自动挪开了。

出乎大家意料的是，石室内并没有华丽的装饰，只有一张一米多高的石台，石台上放着一口石盒，石盒上面雕了一条栩栩如生的毒蛇。

这条蛇雕得像真的一样。

刚刚还纹丝不动的毒蛇快如闪电，一口咬在了卡尔的手臂上，然后又飞速地弹回石盒上，再次盘坐在那里，就像根本没有动过一样！

那是一条真正的蝰蛇，不是雕塑！

听到仙鼠的话，刚刚跟上来的花生吓得翻了一个跟头，又滚出了门外。

蝰蛇！那可是比眼镜蛇还要可怕的毒蛇啊！被他咬中后，如果不及时注射解毒血清，不但无药可救，而且会浑身剧痛无比，在难以忍受的痛苦中死去！

之所以对蝰蛇这么了解，是因为十角城的蛇警官就是蝰蛇一族。据说，为了成为十角城的一员，而不引起十角城居民的恐慌，蛇警官甚至选择拔掉了自己的毒牙。但即使如此，看到她的人还是会不寒而栗！

而此时的科学鼠卡尔，已经口吐白沫倒在地上，痛苦地痉挛着，话都说不出来了。而盘坐在石盒上的蝰蛇却依然如同雕像一样，高傲地昂着头，似乎对这几个窥视着他的外来人不屑一顾。

嘿嘿嘿，这就是我们神庙最重要的防守。

"我们是蛇族的十大长老，已经等你们很久了，快把女神的眼睛交出来吧！不然，我们会连十角城一起毁灭掉！"十条巨蛇迅速围拢上来，吐着信子凶狠地说。

什么？这关十角城什么事？

"十几年前，十角城抢走了我们的女神。现在，又偷走了女神的眼睛。所有的灾难都是你们这些异族人应得的！"

喂，先不要动手！你们不想找回女神的眼睛了吗？

女神的眼睛？

"蛇族不是自古喜欢研究数学吗？你们应该知道什么叫方程吧？现在，女神的眼睛就是未知数，如果想找到它，就需要我的帮助哦。"仙鼠强装镇定说道。

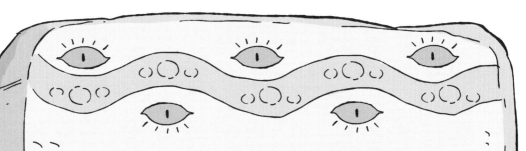

　　小朋友们，你们知道什么是方程吗？危急关头，仙鼠先生能用他的数学知识解决问题吗？

知识点　方程

　　方程：含有未知数的等式叫作方程（注意方程是等式，又含有未知数，两者缺一不可）。

　　方程和算术式不同。算术式是一个式子，它由运算符号和已知数组成。方程是一个等式，在方程里的未知数可以参加运算，并且只有当未知数为特定的数值时，方程才成立。

　　简易方程：方程 $ax \pm b = c$（a、b、c 是常数）叫作简易方程。

不要听他胡说，把他们干掉，然后毁灭十角城，我们就能找到女神的眼睛了！

你们怀疑的盗贼卡尔就在这里，我们是十角城的代表，再加上龙窟里的女神，以及你们这些长老，所有的已知数都凑齐了，答案很快就能揭晓，你们真的不想揭开未知数之谜吗？

67

只有举行祭祀的那一天，主持祭祀的那位长老可以接触女神。任何人在其他时间段接近石盒，都会被女神攻击——包括我们在内！

既然如此，你们怎么会认为卡尔能把宝石偷走呢？如果连他都能偷走，你们自己人才更值得怀疑吧？

仙鼠先生的问题很犀利，但长老们并没有生气。

"为了防止监守自盗，龙窟要我们十个人一起在场的时候才能打开。失窃那一天，是我打开的龙窟，但当时女神的眼睛已经不见了，在场的长老都可以证明！所以不是他偷的能是谁偷的？"

这么看来，这还真是一道难解的方程式啊。

主人！
小心蝰蛇！

小朋友们，趁着仙鼠先生思考的时间，让我们多了解一些有关方程的知识吧。毕竟，仙鼠先生这次破案的灵感都是来自数学呢。

知识点

1. 解方程：求方程的解的过程叫作解方程。

2. 列方程解应用题：用方程解答应用题，求得应用题的未知量的方法。

3. 方程的解：使方程左右两边相等的未知数的值，叫作方程的解。

仙鼠先生并没有进入蝰蛇的攻击范围，只是把脑袋伸得老长，观察了一下龙窟内的情况，竟然直接下了结论。

除了魔法，这个世界上不可能有人在不留下任何痕迹的情况下，从这间龙窟里偷走东西。

这也不对，那也不对。难道女神的眼睛会凭空消失吗？

凭空消失？宝石？我好像明白了……

九位长老一起把目光投向了那位红袍长老!

喂,你是在怀疑我吗?所有的长老都亲眼看到我把宝石放进石盒,并盖上盖子,请回了女神!

没错！如果你想挑拨我们之间的关系，就不要白费力气了。

眼睛看到的并不一定是真实的哦。

"比如某位负责祭祀的长老，先把真正的宝石藏起来，然后把用冰块伪造的宝石放进石盒。当下次换人祭祀的时候，冰块已经融化，他是不是就有了完美的不在场证明了呢？"

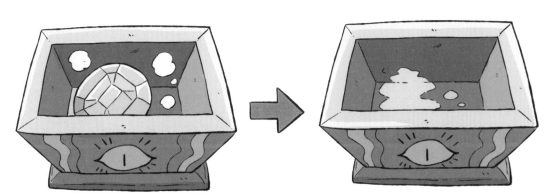

没想到蛇警官竟然一点儿也不害怕，伸出尾巴轻轻抚摸着石盒上的蝰蛇女神。

石雕一样的蝰蛇女神忽然睁开眼睛，走下石盒，和蝰警官拥抱在了一起。

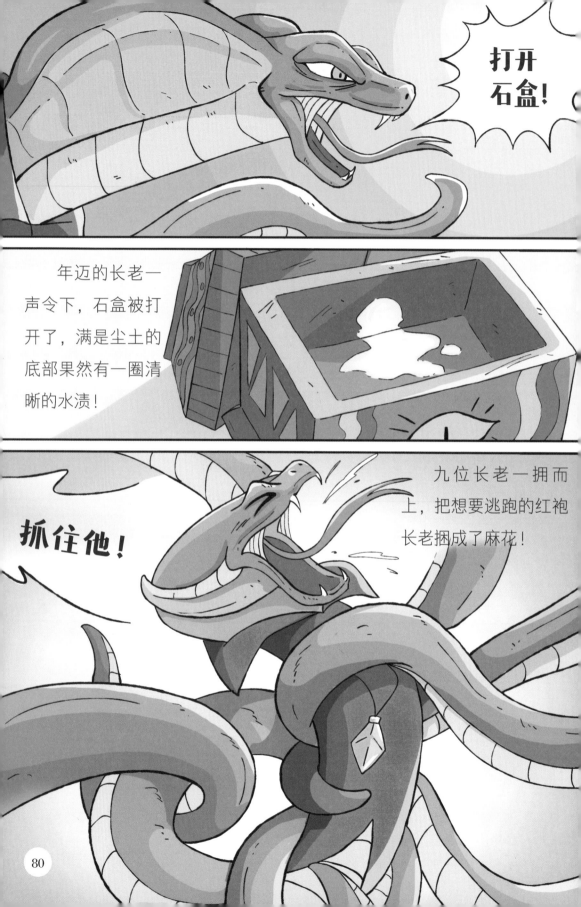

打开
石盒！

年迈的长老一声令下，石盒被打开了，满是尘土的底部果然有一圈清晰的水渍！

抓住他！

九位长老一拥而上，把想要逃跑的红袍长老捆成了麻花！

好了，棘手的异国案件告一段落了，让我们再来温习一下方程知识，开始期待下一次的冒险吧。

知识点

列方程解答应用题的步骤：

1. 弄清题意，确定未知数并用 x 表示；

2. 找出题中的数量之间的相等关系；

3. 列方程，解方程；

4. 检查或验算，写出答案。

列方程解应用题的方法：

1. 综合法

先把应用题中已知数（量）和所设未知数（量）列成有关的代数式，再找出它们之间的等量关系，进而列出方程。这是从部分到整体的一种 思维过程，其思考方向是从已知到未知。

2. 分析法

先找出等量关系，再根据具体建立等量关系的需要，把应用题中已知数（量）和所设的未知数（量）列成有关的代数式进而列出方程。这是从整体到部分的一种思维过程，其思考方向是从未知到已知。

女神的眼睛很快就被找回来了。

科学鼠卡尔也被注射了解毒血清，再次踏上了寻找古老知识的新旅程。

十角城布米奇孤儿院里，新来了一位和蔼的蝰蛇数学老师，为大家讲解着让人头疼的方程……

$$3x(x-4)=46$$
$$x=$$

而遥远的暗之国，再次开启了祭祀活动。为了感谢仙鼠先生，长老们终于废除了强迫年轻族人充当女神的陋俗，并赦免了十几年前逃走的蛇警官。

神庙的祭坛上再也没有女神，却多出了一条眼镜王蛇。这个曾经的红袍长老被关在笼子里，大声哀号着。

放我出去，我要毁灭十角城，我要成为暗之国的蛇王……